TELLIER

CONSTRUCTEUR D'EMBARCATIONS

52, QUAI DE LA RAPÉE, 52

PARIS

TELLIER

CONSTRUCTEUR D'EMBARCATIONS

52, quai de la Rapée, 52

PARIS

FOURNISSEUR DE S. M. L'EMPEREUR DU MAROC
DE LEURS ALTESSES LES PRINCES OSMAN PACHA ET MÉHÉMET ALI PACHA
DES PRINCIPALES SOCIÉTÉS NAUTIQUES
Françaises et Étrangères
DE LA SOCIÉTÉ FRANÇAISE DE SAUVETAGE
DE LA SOCIÉTÉ ROYALE DES SAUVETEURS DE BELGIQUE

CHAMPION DE LA SEINE EN 1859

AUX EXPOSITIONS INTERNATIONALES
2 DIPLOMES D'HONNEUR
3 MÉDAILLES D'OR
4 MÉDAILLES D'ARGENT
1 MÉDAILLE DE BRONZE

MAISON DE CONFIANCE

SPÉCIALITÉ D'EMBARCATIONS DE COURSES

A L'AVIRON

SKIFFS pour les championnats.

OUTRIGGERS en couple ou en pointe avec ou sans barreur.

OUTRIGGERS à deux arrieres, dont un pour les courses sans barreur, et l'autre pour les courses avec barreur.

YOLES GIGS de courses, des modèles les plus nouveaux et avec tous les derniers perfectionnements.

NOUVEAUX SIÈGES MOBILES, ne blessant plus les rameurs, à coulisses ou à roulettes à double mouvement, supprimant la graisse et l'huile.

PÉRISSOIRES de courses, nouveau modèle.

CHANTIERS DE CONSTRUCTIONS A DEUX ÉTAGES

De 950 mètres environ

EXPOSITION PERMANENTE D'EMBARCATIONS DE TOUS MODÈLES

VENTE ET ACHAT A COMMISSION DE TOUTES ESPÈCES D'EMBARCATIONS

EMBARCATIONS DE COURSES A VENDRE D'OCCASION

CHEMINS DE FER DECAUVILLE POUR LA MISE A TERRE ET A L'EAU DES GROSSES EMBARCATIONS

A construit de 1873 à 1887 pour 1,380,000 francs d'embarcations.

GIGS DE COURSE A VENDRE D'OCCASION

A CONSTRUIT EN 1887
LES CÉLÈBRES BATEAUX SUIVANTS :

OUTRIGGERS

Pour le *Cercle de l'Aviron de Paris,* outriggers à quatre et à huit rameurs, armés en couple et en pointe, vainqueurs dans les courses suivantes :

1° RÉGATES INTERNATIONALES DE PARIS :

1er prix grand International, à 8 rameurs seniors, armé en couple sans barreur.

1er prix. — Prix de la Seine, à 8 rameurs juniors, armé en couple avec barreur.

L'outrigger qui a gagné ces deux courses possède deux arrières, l'un pour courir avec barreur, l'autre pour courir sans barreur.

1er prix. — Prix du Progrès, à 4 rameurs, armé en couple.

1er prix Championnat international, à 4 rameurs seniors, armé en pointe.

2° RÉGATES DE JOINVILLE-LE-PONT : 1er prix, à 4 rameurs seniors, armé en couple.

3° RÉGATES INTERNATIONALES DE VENISE : 1er prix, à 4 rameurs seniors, armé en pointe.

YOLES

Pour le *Rowing-Club de l'Erdre, de Nantes :* Yole à 4 rameurs « LOUISA », victorieuse dans toutes les courses *seniors* où elle a pris part, 21 premiers prix.

Pour le *Rowing-Club de Paris :* Yole à 2 et 4 rameurs « FRANCILLON », équipe junior qui a gagné 16 premiers prix à quatre, sur 16 courses courues, et 12 premiers prix à 2 rameurs.

Pour l'*Union nautique de Calais :* Yole à 4 rameurs « MYOSOTIS », vainqueur de nombreux prix dans le nord de la France et en Belgique.

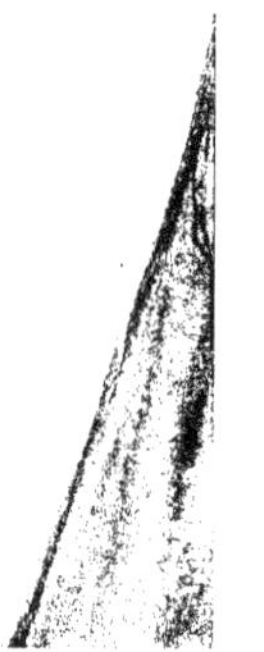

Pour l'*Union nautique de Valenciennes :* les yoles à 1 et 4 rameurs qui ont eu de grands succès dans la région.

SKIFFS

Montés par MM. Lein et Flouest, du *Cercle de l'Aviron, de Paris;*
Voillaume, du *Rowing-Club de Paris.*

Pour donner des preuves de la bonne construction des embarcations qui sortent de notre chantier, nous faisons remarquer que l'équipe à quatre rameurs Juniors « Francillon », du Rowing-Club de Paris, a remporté plusieurs premiers prix avec une yole construite en 1883, et que M. Lepron, du même Club, vainqueur des championnats Junior de la Marne, de la Seine, du Junior-Sculls et du prix national au championnat de France, montait dans toutes ces courses un skiff construit par nous en 1883.

Les nombreuses victoires remportées par les embarcations de courses sortant de nos chantiers sont une preuve de la grande supériorité de notre construction ; nous perfectionnons constamment les formes des embarcations ainsi que leurs installations.

Nous n'employons que des bois de première qualité, débités plusieurs années avant leur emploi. Notre personnel intelligent et dévoué, habitué depuis de longues années à travailler avec le plus grand soin, nous permet de construire des embarcations de courses très légères, d'une grande rigidité, ne se déformant jamais, d'une durée qui ne se rencontre que dans nos travaux. Aussi voit-on souvent des embarcations sortant de nos chantiers, vieilles de 3 et 4 années, montées avec confiance par les plus célèbres équipes de courses et remporter les plus grands succès.

Ceci est à l'avantage des Sociétés nautiques qui, tout en faisant honneur à leur pavillon, font des économies de bateaux qui leur permettent de prendre part aux régates de la province et de l'étranger. Notre intérêt est donc de perfectionner constamment notre industrie pour continuer à mériter la confiance des Sociétés nautiques françaises et étrangères.

Tous nos efforts tendront à ce résultat.

SOCIÉTES NAUTIQUES ÉTRANGÈRES

BELGIQUE

Gigs de course à 2 rameurs *seniors :*

Vengeur, de la *Société des Régates gantoises.*
1ers prix à Cluysen-Terdonck, Liège 2 fois, Gand, Bruxelles; 4 seconds prix.
Vartje-Knap, du *Sport nautique de Bruges.*
1ers prix à Namur, Huy, Ostende, Bruges; 4 seconds prix.

Gigs de course à 4 rameurs *seniors :*

Égalité, de la *Société des Régates gantoises.*
1ers prix à Cluysen-Terdonck, Liège, Bruxelles, Huy, Ostende, Bruxelles; 2 seconds prix.

Gigs de course à 2 rameurs *juniors :*

Ça y est, du *Sport nautique d'Anvers.*
1ers prix à Cluysen-Terdonck, Liège, Namur, Gand, Anvers.
Méli-Mélo, du *Royal Sport nautique de Bruxelles.*
1ers prix à Liège, Bruxelles, Huy, Bruges, Bruxelles.

Gigs de course à 4 rameurs *juniors :*

La Graine, du *Club nautique de Gand.*
1ers prix à Cluysen-Terdonck, Liège, Namur, Liège, Gand, Bruxelles, Huy, Ostende, Bruges, Anvers, Bruxelles; a gagné toutes les courses.

Gigs de course à 6 rameurs :

Muguet des Flandres, de la *Société nautique des Régates gantoises.*

ITALIE

Lampo, gig de course à 4 rameurs, della societa canottieri *Armida,* di Torino.
Cassiot, gig de course à 4 rameurs, della societa canottieri *Caprera,* di Torino.
Torino, gig de course à 4 rameurs, della societa canottieri *Armida,* di Torino.
Letizia, gig de course à 4 rameurs, della societa canottieri *Esperia,* di Torino.

INDIANA

LONGUEUR : 5 MÈTRES — LARGEUR : 80 CENTIMÈTRES.

Canoë à franc-bord, à doubles bordages entre lesquels une toile est collée à la glu marine.

Construction spéciale pour les pays chauds.

Porte-nages à charnière en acier nickelé, se déplaçant à volonté, pour ramer avec ou sans barreur.

Voile à compensation.

Gréement bambou.

Pagaye se démontant, Gaffe.

Construit en acajou, toutes les ferrures nickelées.

5 couches de vernis.

J VITOU

CANADIAN

CANOË N° 56, POUR DEUX PERSONNES, A LA VOILE ET A LA PAGAYE

LONGUEUR : 5 MÈTRES — LARGEUR : 80 CENTIMÈTRES

Le patron appareille, amène la voilure, prend des ris sans se déplacer. Dérive mobile très facile à manœuvrer. Le patron manœuvre le gouvernail avec ses pieds.

Le canoë est insubmersible.

Caisson hermétiquement fermé à l'avant, l'arrière également fermé avec capot, pour mettre les provisions et petits agrès.

Fait beaucoup de près.

Va très vite à la voile.

L'installation permet à celui qui est à l'avant de se retourner pour pagayer à deux.

Construit en cédrat, à franc-bord, à doubles bordages entre lesquels une toile est collée à la glu marine ou à clins.

Toutes les ferrures très soignées et nickelées.

5 couches de vernis.

TELLIER, CONSTRUCTEUR, 52, QUAI DE LA RAPÉE, PARIS

INDIANA

LONGUEUR : 5 MÈTRES — LARGEUR : 80 CENTIMÈTRES

Canoë à franc-bord, à doubles bordages entre lesquels une toile est collée à la glu marine.

Construction spéciale pour les pays chauds.

Porte-nages à charnières, en acier nickelé, se déplaçant à volonté, pour ramer, avec ou sans barreur.

Manœuvrant avec sa voile à compensation, à 1 ou 2 pagayeurs.

Construit, comme tous les autres, en acajou.

5 couches de vernis.

PELLIER, CONSTRUCTEUR, 52, QUAI DE LA RAPÉE, PARIS

CANOË DE MER

POUR UNE SEULE PERSONNE

LONGUEUR : 4ᵐ20 — LARGEUR : 0ᵐ80

Très stable, cloisons étanches avant et arrière, le rendant insubmersible, capot à charnière à l'arrière, pour mettre les provisions et les vêtements, capot mobile derrière le dossier permettant d'incliner ce dernier à volonté. Dérive très facile à descendre ou à remonter. La drisse à portée de la main.

Barre de gouvernail à roue (bronze) se manœuvrant avec les pieds.

L'on appareille, on prend des ris ou on amène la voile sans se déranger, toutes les manœuvres étant à portée de la main.

Gaffe et pagaye se démontant.

Construit à clins en acajou.

Petit chariot très léger, se démontant en trois pour être placé dans le canoë pour le transporter seul.

Toutes les ferrures très soignées et nickelées.

5 couches de vernis.

TELLIER, CONSTRUCTEUR, 32, QUAI DE LA RAPÉE, PARIS

CANOË N° 50

LONGUEUR : 6 MÈTRES — LARGEUR : 76 CENTIMÈTRES

Construit tout en acajou.

Voile à compensation.

Installé pour un rameur avec ou sans barreur, les portants sont à charnières et en acier nickelé.

Deux pagayeurs, chacun leur dossier.

Le pontage d'avant est fermé par une porte mobile dans la cloison.

A l'arrière, capot en saillie, avec belle ferrure nickelée.

Barre de gouvernail à roue.

Construit à clins en acajou.

1 paire d'avirons, 1 gaffe, 2 pagayes à viroles. Toutes les ferrures nickelées.

5 couches de vernis.

Nous construisons d'autres modèles :

Le n° 80 est un canoë très rapide, pour la rivière; longueur : 7 mètres 50, largeur 70 centimètres, profondeur 20 centimètres; très belle forme, très porteur, à la voile, à l'aviron, à la pagaye.

L'installation du rameur se déplace à volonté.

TELLIER, CONSTRUCTEUR, 52, QUAI DE LA RAPÉE, PARIS

IMPRIMERIE CENTRALE DES CHEMINS DE FER. — IMPRIMERIE CHAIX,
RUE BERGÈRE, 20, PARIS. — 21902-7.

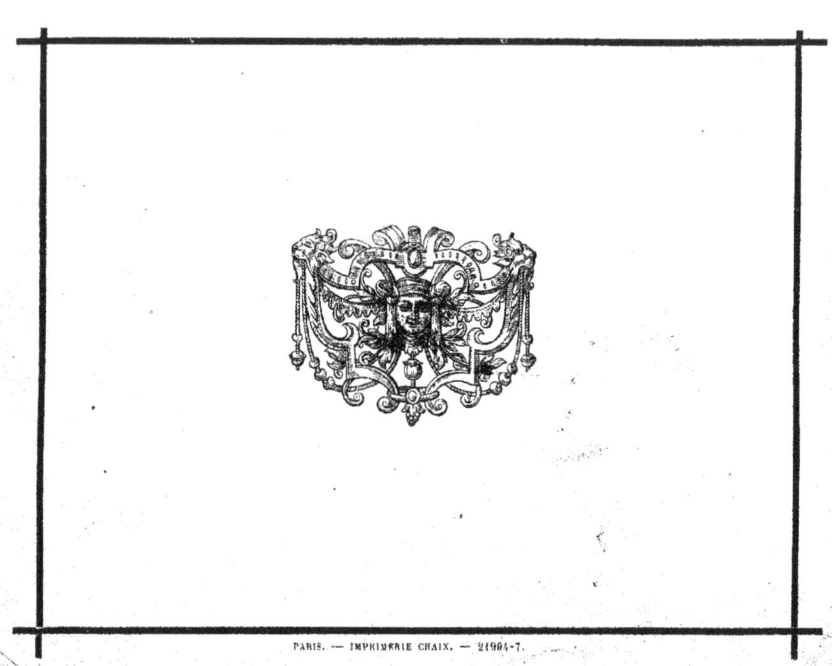

PARIS. — IMPRIMERIE CHAIX. — 21994-7.

www.ingramcontent.com/pod-product-compliance
Ingram Content Group UK Ltd.
Pitfield, Milton Keynes, MK11 3LW, UK
UKHW031057260726
13965UKWH00006B/2193